Herstellung fermentierter Gurken

Edwin LeFevre

Alpha-Editionen

Diese Ausgabe erschien im Jahr 2023

ISBN: 9789359257143

Herausgegeben von
Writat
E-Mail: info@writat.com

WIE PFLANZUNG GEMÜSE KONSERVIERT

Wenn Gemüse in Salzlake gelegt wird, werden die darin enthaltenen Säfte und löslichen Stoffe durch die als Osmose bekannte Kraft herausgezogen.

Der in allen Obst- und Gemüsesorten enthaltene vergärbare Zucker, einer der löslichen Stoffe, die durch osmotische Wirkung extrahiert werden, dient den Milchsäurebakterien als Nahrung, die ihn in Milchsäure und bestimmte flüchtige Säuren zerlegen. Bei einigen Gemüsesorten, wie Gurken und Kohl, wo reichlich Zucker vorhanden ist und andere Bedingungen das Wachstum der Milchsäurebakterien begünstigen, findet eine ausgeprägte Säurebildung statt, die eine deutliche Gärung darstellt. Die so gebildete saure Salzlake wirkt auf das Gemüsegewebe und bewirkt die Veränderungen in Farbe, Geschmack und Textur, die den eingelegten Zustand kennzeichnen.

In der Regel wird eine Salzlösung verwendet, einige Gemüsesorten geben jedoch schnell genug Feuchtigkeit ab, um trockenes Salz in Salzlake umzuwandeln. Salz verhärtet oder macht das in Salzlake eingelegte Gemüse außerdem fester und hemmt die Wirkung von Organismen, die andernfalls das Pflanzengewebe zerstören könnten.

Kohl lässt sich in seiner eigenen Salzlake in Form von Sauerkraut gut konservieren. Andere Gemüsesorten und einige Früchte können unter bestimmten Bedingungen durch Einlegen wirtschaftlich haltbar gemacht werden. In der Regel ist jedoch die Konservenherstellung bei diesen Produkten vorzuziehen, da dadurch die Nährwerte und der natürliche Geschmack besser erhalten bleiben. Zeitmangel, ein Mangel an Dosen oder ein Überangebot an Rohmaterial können es rechtfertigen, andere Gemüsesorten als Gurken und Kohl durch Pökeln in Salzlake zu konservieren.

AUSRÜSTUNG ZUM PALIEREN UND PALZEN

Steingefäße sind die praktischsten und begehrtesten Gefäße (Abb. 1) für die Zubereitung kleinerer Mengen an eingelegtem Gemüse. Steinzeug lässt sich viel leichter sauber halten und nimmt unangenehme Gerüche und Aromen in geringerem Maße auf als Holz. Für diesen Zweck eignen sich am besten Gläser mit geradem Rand und offenem Deckel, die es praktisch in allen Größen von 1 bis 20 Gallonen gibt. Für die Anweisungen in diesem Bulletin werden 4-Gallonen-Gläser verwendet, die etwa 12 Pfund (ein Viertel Scheffel) Gurken fassen. Wenn nur sehr kleine Mengen an Gurken eingelegt werden, reichen auch Weithalsflaschen oder Gläser aus.

ABB. 1. – Einige geeignete Behälter für selbst eingelegte Produkte

Für die Herstellung größerer Mengen Gurken eignen sich am besten wasserdichte Fässer oder Fässer. Für die in diesem Bulletin angegebenen Anweisungen werden Fässer mit einem Fassungsvermögen von 40 bis 45 Gallonen verwendet. Sie müssen zunächst gewaschen oder möglicherweise verkohlt werden, um alle unerwünschten Gerüche und Geschmacksstoffe zu entfernen. Unerwünschte Geschmacksstoffe können durch den Einsatz von Kali- oder Natronlaugelösungen entfernt werden. Eine starke Laugenlösung sollte mehrere Tone lang im Fass verbleiben, danach sollte das Fass gründlich eingeweicht und mit heißem Wasser gewaschen werden, bis die Lauge entfernt ist.

Die besten Abdeckungen ergeben Bretter mit einer Dicke von etwa einem Zoll. Diese können aus jeder Holzart sein, mit Ausnahme von Gelbkiefer oder Pechkiefer, die den Gurken einen unerwünschten Geschmack verleihen würden. Ihr Durchmesser sollte 2,5 bis 5 cm kleiner sein als das Innere des Glases oder Fasses, damit sie leicht entfernt werden können. Durch das Eintauchen der Bezüge in Paraffin und das anschließende Überbrennen mit einer Flamme füllen sich die Poren des Holzes und lassen sich so vergleichsweise einfach sauber halten. Als Deckel für Kleingebinde können anstelle von Brettern auch Grobbleche geeigneter Größe verwendet werden.

Oft wird ein sauberes weißes Tuch benötigt, um das Material im Glas oder Fass abzudecken. Zwei oder drei Lagen Käsetuch oder Musselin, kreisförmig zugeschnitten und etwa 15 cm größer im Durchmesser als die Innenseite des Gefäßes, ergeben eine geeignete Abdeckung. Manchmal werden zu diesem Zweck Trauben-, Rüben- oder Kohlblätter verwendet. Weinblätter eignen sich gut als Belag für Dillgurken und Kohlblätter für Sauerkraut.

Zusätzlich zu den Gläsern, Töpfen oder Fässern, in denen die Gurken hergestellt werden, werden 2-Liter-Glasgefäße zum Verpacken des fertigen Produkts benötigt. Werden Korken zum Verschließen solcher Behälter verwendet, sollten diese zunächst in heißes Paraffin getaucht werden.

Wenn Gemüse, das in einer schwachen Salzlake fermentiert wurde, über einen längeren Zeitraum aufbewahrt werden soll, muss die Luft aus dem Gemüse ausgeschlossen werden. Dies kann durch Versiegeln der Behälter mit Paraffin, Bienenwachs oder Öl erfolgen. Paraffin, die billigste und wahrscheinlich beste dieser drei Substanzen, ist leicht zu handhaben und lässt sich leicht von den Gurken trennen, wenn sie aus den Behältern genommen werden. Um jeglichen Schmutz zu entfernen, sollte das Paraffin erhitzt und durch mehrere Lagen Käsetuch gesiebt werden. Somit kann das Paraffin immer wieder verwendet werden. Das saubere Paraffin wird geschmolzen und in ausreichender Menge über die Oberfläche der Pickles gegossen, um nach dem Aushärten eine feste, etwa einen halben Zoll dicke Schicht zu bilden. Bei Schädlingsbefall sollten Deckel über das Paraffin in Gläsern und andere Abdeckungen über das Paraffin in Fässern gelegt werden. Wenn es aufgetragen wird, bevor die aktive Gärung beendet ist, kann die Versiegelung durch die Bildung von Gas unter der Schicht gebrochen werden, was es erforderlich macht, das Paraffin zu entfernen, es erneut zu erhitzen und es erneut über die Oberfläche zu gießen.

In vielen Fällen ist es sicherer und besser, in einer schwachen Salzlake fermentiertes Gemüse zu konservieren, indem man das eingelegte Produkt direkt nach Abschluss der Fermentation in Glasgefäße umfüllt und diese fest verschließt.

Fast alles, was den erforderlichen Druck erzeugt, dient als Gewicht, um die Masse in einem Glas oder Fass festzuhalten. Es werden saubere Steine (außer Kalkstein) und Ziegel empfohlen.

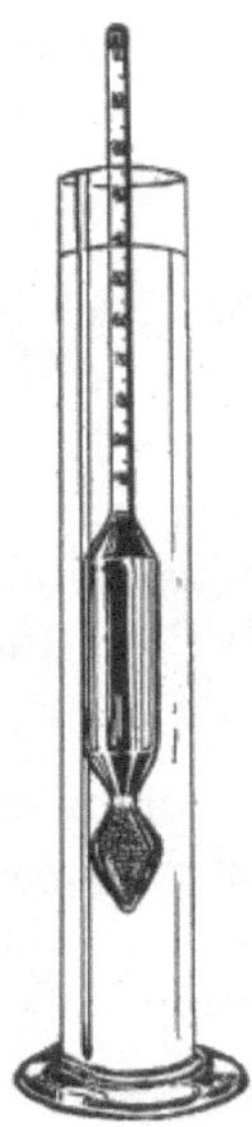

ABB. 2. – Salinometer

Eine Küchenwaage und geeignete Gefäße zur Bestimmung der Flüssigkeitsmenge sind selbstverständlich unerlässlich.

Das Salinometer, ein Instrument zur Messung des Salzgehalts einer Sole, ist beim Salzen sehr nützlich, wenn auch nicht unbedingt notwendig (Abb. 1). Durch Befolgen der hier gegebenen Anweisungen ist es möglich, Solen mit der erforderlichen Stärke ohne Verwendung dieses Instruments herzustellen. Die Ergebnisse können jedoch leicht überprüft werden, und alle von Zeit zu Zeit auftretenden Änderungen der Solestärke können mithilfe des Salinometers festgestellt werden.

Die Skala des Salinometers ist in 100 Grad eingeteilt, was den Bereich der Salzkonzentration zwischen 0°, dem Messwert für reines Wasser bei 60° F, anzeigt; und 100°, was auf eine gesättigte Salzlösung (26½ Prozent) hinweist. Tabelle 1 (Seite 14) zeigt die Beziehung zwischen Salinometerwerten und Salzprozentsätzen.

Salinometer werden von Firmen, die mit chemischen Apparaten und Zubehör handeln, für etwa 1 US-Dollar pro Stück verkauft.

Ein Zucker-Hydrometer ist bei allen Einmach- und Beizarbeiten sehr nützlich. Es kann entweder die Brix- oder die Balling-Skala verwendet werden. Beide geben direkt den Zuckeranteil in einer reinen Zuckerlösung an. Ein Balling-Hydrometer mit einer Skala von 0° bis 70° ist ein praktisches Instrument für die in diesem Bulletin angegebenen Tests.

ZUBEHÖR ZUM PALIEREN UND BEIZEN

SALZ

Feines Speisesalz ist nicht notwendig. Es kann sogenanntes Feinsalz oder auch gröbere Körnungen verwendet werden. Verklumptes oder verklumptes Salz lässt sich nicht gleichmäßig verteilen. Salz, dem etwas zugesetzt wurde, um ein Zusammenbacken zu verhindern, wird zum Einlegen und Pökeln nicht empfohlen. Besonders störend sind alkalische Verunreinigungen im Salz. Für diesen Zweck kann jedes nicht zusammenbackende Salz verwendet werden, das weniger als 1 Prozent der Carbonate oder Bicarbonate von Natrium, Calcium oder Magnesium enthält.

ESSIG

Für die Herstellung von sauren, süßen und gemischten Gurken wird ein guter, klarer Essig mit einer Stärke von 40 bis 60 Grains (4 bis 6 Prozent Essigsäure) benötigt, der manchmal auch für Dillgurken verwendet wird. Viele Gurkenhersteller bevorzugen destillierten Essig, da dieser farblos und frei von Sedimenten ist. Wenn Obstessige verwendet werden , sollten diese zunächst gefiltert werden, um alle Sedimente zu entfernen.

ZUCKER

Für die Herstellung von süßen Gurken sollte Kristallzucker verwendet werden. Die Menge Zucker, die für jede Gallone Essig bei der Herstellung süßer Liköre benötigt wird, ist in Tabelle 3 (<u>S. 15</u>) aufgeführt.

GEWÜRZE

Gewürze werden bis zu einem gewissen Grad bei der Herstellung fast aller Arten von Gurken verwendet, hauptsächlich jedoch für süße, gemischte und Dillgurken. Abhängig von der Art der zuzubereitenden Gurken und dem gewünschten Geschmack werden verschiedene Kombinationen verwendet.

Paprika (schwarz und Cayennepfeffer), Nelken, Zimt, Selleriesamen, Kümmel, Dillkraut, Senf (gelb), Piment, Kardamom, Lorbeerblätter, Koriander, Kurkuma und Muskatblüte sind die wichtigsten Gewürze für diesen Zweck. Manchmal werden Ingwer und Meerrettichwurzel verwendet. Alle diese Gewürze können in großen Mengen gekauft und nach Wunsch gemischt werden. Gemischte ganze Gewürze, die speziell zum Einlegen zubereitet werden und im Handel verkauft werden, sind in der Regel zufriedenstellend. Es sollte darauf geachtet werden, dass sie die richtige Stärke haben.

Ölgewürze können unter Umständen wünschenswert sein, ihre Wirkung ist jedoch nicht so nachhaltig wie die der ganzen Gewürze.

Kurkuma wird sowohl für die kommerzielle als auch für die Haushaltszubereitung von Gurken häufig verwendet. Während einige seiner Eigenschaften es berechtigen, es zu den Gewürzen zu zählen, steht es als solches nicht im gleichen Rang wie die anderen genannten. Es wird vor allem wegen seiner vermutlich überschätzten Wirkung auf die Farbe von Gurken eingesetzt.

Dillkraut wird praktisch immer bei Gurken verwendet, wenn diese in einer schwachen Salzlake fermentiert werden, und oft auch bei anderen auf diese Weise fermentierten Gemüsesorten. Es verleiht der Gurke einen besonderen Geschmack, der sehr beliebt ist. Das in Südeuropa beheimatete Dillkraut kann in fast allen Teilen der Vereinigten Staaten angebaut werden und ist normalerweise auf den Märkten der größeren Städte erhältlich. Während der gesamte Stängel des Dillkrauts für die Aromatisierung wertvoll ist, sind die Samen am besten geeignet, um den gewünschten Geschmack zu verleihen. Aus diesem Grund sollte die Ernte erst dann erfolgen, wenn die Samen voll ausgereift, aber noch nicht so reif sind, dass sie abfallen. Das Kraut kann grün, getrocknet oder eingelegt verwendet werden. Bei der Verwendung von grünem oder eingelegtem Dill wird gewichtsmäßig doppelt so viel eingenommen, wie bei Verwendung des getrockneten Krauts erforderlich wäre. Dill behält in Salzlake lange seinen Geschmack. Um es auf diese Weise haltbar zu machen, sollte es in einer Salzlake von 60° oder bei längerer Lagerung in einer Salzlake von 80° verpackt werden. Dilllake eignet sich ebenso gut zum Würzen wie das Kraut.

Gurkengurken

Aufgrund ihrer Form, Festigkeit oder Haltbarkeit eignen sich einige Gurkensorten besser für die Herstellung von Gurken als andere. Zu den besten Beizsorten zählen Chicago Pickling, Boston Pickling und Snow's Perfection. Gurken praktisch aller Sorten, Größen und Formen eignen sich jedoch gut als Gurken. [1]

[1] Informationen über den Anbau von Gurken und die Krankheiten und Feinde, die sie befallen, können beim US-Landwirtschaftsministerium eingeholt werden.

Zu einlegende Gurken sollten etwa ein Achtel bis ein Viertel Zoll ihres Stiels behalten und dürfen keine Druckstellen aufweisen. Wenn sie verschmutzt sind, sollten sie vor dem Salzen gewaschen werden. Sie sollten spätestens 24 Stunden nach dem Sammeln in Salzlake gelegt werden.

Gurken enthalten etwa 90 Prozent Wasser. Da dieser große Wassergehalt die Salzkonzentration der Salzlake, in der sie fermentiert werden, erheblich verringert, ist es notwendig, zu Beginn der Fermentation einen Überschuss an Salz im Verhältnis von 1 Pfund pro 10 Pfund Gurken hinzuzufügen.

Die aktive Phase der Gurkengärung dauert 10 bis 30 Tage, abhängig weitgehend von der Temperatur, bei der sie durchgeführt wird. Die günstigste Temperatur liegt bei 30 °C.

Der den Gurken entzogene Zucker wird praktisch vollständig in der Phase der aktiven Gärung verwertet, an deren Ende die Salzlake ihren höchsten Säuregrad erreicht. Während dieser Zeit sollte die Salzkonzentration nicht wesentlich erhöht werden, denn obwohl die Milchsäurebakterien relativ salztolerant sind, gibt es eine Grenze für ihre Toleranz. Die Zugabe einer großen Menge Salz würde zu diesem Zeitpunkt ihre Säurebildungskraft gerade dann verringern, wenn dies für eine erfolgreiche Gärung unerlässlich ist. Daher sollte Salz schrittweise über einen Zeitraum von mehreren Wochen hinzugefügt werden.

Salzgurken

Salzgurken oder Salzbrühe werden hergestellt, indem Gurken in einer Salzlake eingelegt werden, die zu Beginn mindestens 9,5 Prozent Salz (ungefähr 36° auf der Salinometerskala) enthalten sollte. Die Salzlösung muss nicht nur in dieser Stärke gehalten werden, sondern es sollte auch Salz hinzugefügt werden, bis eine Konzentration von etwa 15 Prozent (60° auf der Salinometerskala) erreicht ist. Wenn sie gut mit einer Salzlake dieser Stärke bedeckt sind und die Oberfläche sauber gehalten wird, sind Pickles unbegrenzt haltbar.

Die ordnungsgemäße Reifung von Gurken dauert zwischen sechs Wochen und zwei Monaten oder möglicherweise länger, je nach der Temperatur, bei der der Prozess durchgeführt wird, sowie der Größe und Sorte der Gurken. Versuche, Abkürzungen zu verwenden oder Gurken über Nacht zuzubereiten, wie es manchmal empfohlen wird, basieren auf einer falschen Vorstellung davon, was eigentlich eine Gurke ausmacht.

Das Pökeln von Gurken zeichnet sich durch eine erhöhte Festigkeit, eine höhere Transluzenz und einen Farbumschlag von Hellgrün nach Dunkel- oder Olivgrün aus. Diese Veränderungen sind bei der perfekt ausgehärteten Probe gleichmäßig. Solange ein Teil einer Gurke weißlich oder undurchsichtig ist, ist sie nicht perfekt ausgehärtet.

S. 7), süße Gurken (S. 8) oder gemischte Gurken (S. 10) umgewandelt werden .

KLEINMENGEN

Packen Sie die Gurken in ein 4-Gallonen-Glas und bedecken Sie es mit 6 Liter einer 10-prozentigen Salzlake (40° auf der Salinometerskala). Fügen

Sie zum Zeitpunkt des Ansetzens der Salzlake oder spätestens am nächsten Tag mehr Salz in einer Menge von 1 Pfund pro 10 Pfund verwendeter Gurken hinzu – in diesem Fall 1 Pfund und 3 Unzen. Dies ist notwendig, um die Festigkeit der Sole zu erhalten.

Decken Sie es mit einem runden Brett oder Teller ab, der in das Glas passt, und legen Sie darauf ein Gewicht, das schwer genug ist, um die Gurken deutlich unter der Oberfläche der Salzlake zu halten.

Geben Sie am Ende der ersten Woche und fünf Wochen lang am Ende jeder folgenden Woche ein Viertel Pfund Salz hinzu. Bei der Salzzugabe immer auf den Deckel legen. Wenn es direkt in die Salzlake gegeben wird, kann es absinken, wodurch die Salzlösung am Boden sehr stark ist, während die Salzlösung nahe der Oberfläche so schwach sein kann, dass die Salzlake verdirbt.

Auf der Oberfläche bildet sich ein Schaum, der meist aus wilden Hefen und Schimmelpilzen besteht. Da dies gesundheitsschädlich sein kann und den Säuregehalt der Salzlake zerstört, entfernen Sie ihn durch Abschäumen.

GROSSE MENGEN

Geben Sie 5 bis 6 Zoll einer 40°-Salzlake (Tabelle 1, S. 14) in ein Fass und fügen Sie 1 Liter guten Essig hinzu. In diese Salzlake legen Sie die gepflückten Gurken. Wiegen Sie die Gurken jedes Mal, bevor Sie sie hinzufügen. Legen Sie eine locker sitzende Holzabdeckung über die Gurken und beschweren Sie sie mit einem Stein, der schwer genug ist, um die Salzlake über die Abdeckung zu bringen. Nachdem die Abdeckung und der Stein wieder angebracht wurden, fügen Sie der Salzlake über der Abdeckung 1 Pfund Salz pro 10 Pfund Gurken hinzu.

Sofern die Gurken nicht zu schnell hinzugefügt werden, ist es nicht nötig, noch mehr Salzlake hinzuzufügen, denn wenn ein ausreichendes Gewicht auf dem Deckel aufrechterhalten wird, bilden die Gurken ihre eigene Salzlake. Wenn die Gurken jedoch schnell hinzugefügt werden oder das Fass sofort gefüllt wird, kann mehr Salzlake erforderlich sein. Geben Sie in einem solchen Fall so viel von der 40°-Salzlösung hinzu, dass die Gurken bedeckt sind.

Wenn das Fass voll ist, fügen Sie fünf Wochen lang jede Woche 3 Pfund Salz hinzu (15 Pfund auf ein 45-Gallonen-Fass). Geben Sie das Salz hinzu und geben Sie es auf den Deckel. Bei dieser Zugabe geht es langsam in Lösung, wodurch eine durchgehend gleichmäßige Salzlösung und eine allmählich zunehmende Salzkonzentration gewährleistet werden . Dadurch wird ein Schrumpfen der Gurken weitgehend verhindert und das Wachstum und die Aktivität der Milchsäurebakterien werden nicht ernsthaft beeinträchtigt.

Das Rühren oder Rühren der Salzlösung kann schädlich sein, da die Einführung von Luftblasen das Wachstum verderbniserregender Bakterien begünstigt.

Entfernen Sie von Zeit zu Zeit den Schaum, der sich auf der Oberfläche bildet.

Wo Gurken für die Herstellung von Gurken in großem Umfang angebaut werden, erfolgt die Pökelung in großen Tanks an Salzstationen. Diese Aushärtungsmethode erfordert zwar bestimmte Verfahrensdetails, die in Fassmengen nicht erforderlich sind, ist jedoch im Wesentlichen dieselbe.

WIRD BEARBEITET

Nach dem Einlegen in Salzlake müssen die Pickles einer Behandlung mit Wasser unterzogen werden, um überschüssiges Salz zu entfernen. Sollen sie als Salzgurken verwendet werden, ist nur eine teilweise Verarbeitung erforderlich. Sollen sie jedoch zu sauren, süßen oder Mixed Pickles verarbeitet werden, sollte das Salz weitgehend, aber nicht vollständig, entfernt werden. Eingelegte Gurken sind besser haltbar, wenn das Salz nicht vollständig durchnässt ist.

Unter Fabrikbedingungen erfolgt die Verarbeitung dadurch, dass die Pickles in Tanks gegeben werden, die dann mit Wasser gefüllt und einem Dampfstrom ausgesetzt werden , wobei die Pickles währenddessen gerührt werden. In den meisten Haushalten ist jedoch die Ausrüstung für eine solche Behandlung nicht vorhanden.

Das Beste, was Sie zu Hause tun können, ist, die Gurken in ein geeignetes Gefäß zu geben, sie mit Wasser zu bedecken und sie langsam auf etwa 120° F zu erhitzen. Bei dieser Temperatur sollten sie 10 bis 12 Stunden lang gehalten werden häufig umgerührt. Anschließend wird das Wasser abgegossen und der Vorgang bei Bedarf wiederholt, bis die Gurken nur noch einen leicht salzigen Geschmack haben.

SORTIERUNG

Nach der Verarbeitung sollten die Gurken sortiert werden. Um ein möglichst attraktives Produkt zu erhalten, sollten die Gurken eine möglichst einheitliche Größe haben. Es werden mindestens drei Größen erkannt: klein (2 bis 3 Zoll lang), mittel (3 bis 4 Zoll lang) und groß (4 Zoll oder länger). Zur Abfüllung werden nur die kleinen Größen ausgewählt. Relativ kleine und mittelgroße Gurken eignen sich gut für die Herstellung von süßen Gurken. Die größeren Größen können für Sauer- und Dillgurken verwendet werden. Unvollkommen geformte Pickles, die sogenannten Crooks und Noppen, können zerschnitten und zu Mixed Pickles oder anderen Kombinationen, zu denen Gurken gehören, hinzugefügt werden. Die Anzahl der Pickles unterschiedlicher Größe, die zur Herstellung einer Gallone erforderlich sind, ist in <u>Tabelle 4 auf Seite 16 aufgeführt</u> .

Saure Gurken

Nachdem die Gurken ausreichend verarbeitet wurden, lassen Sie sie gut abtropfen und bedecken Sie sie sofort mit Essig. Ein 45- oder 50-Korn-Essig sorgt normalerweise für die gewünschte Säure. Wenn Sie jedoch sehr saure Gurken bevorzugen, ist es ratsam, zunächst einen 45-Korn-Essig zu verwenden und die Gurken nach einer Woche oder 10 Tagen in einen Essig mit der gewünschten Stärke umzuwandeln . Da der zuerst verwendete Essig durch die Verdünnung mit der in den Gurken enthaltenen Salzlake in jedem Fall stark an Stärke verliert, ist eine Erneuerung des Essigs nach einigen Wochen erforderlich. Wenn dies nicht geschieht und die Gurken längere Zeit aufbewahrt werden, können sie verderben.

Die besten Behälter für saure Gurken sind Steingefäße oder für große Mengen Fässer oder Fässer. Mit einem Essig der richtigen Stärke bedeckt, sind die Gurken unbegrenzt haltbar.

SÜSSE GURKEN

Bedecken Sie die gepökelten und verarbeiteten Gurken mit einem süßen Likör, der durch Auflösen von Zucker in Essig hergestellt wird, normalerweise unter Zugabe von Gewürzen. Abhängig vom gewünschten Süßegrad kann die Zuckermenge zwischen 4 und 10 Pfund pro Gallone Essig variieren, wobei 6 Pfund pro Gallone normalerweise zufriedenstellende Ergebnisse liefern. Die Hauptschwierigkeit bei der Herstellung süßer Gurken besteht darin, dass sie dazu neigen, schrumpelig und zäh zu werden, was mit der Zuckerkonzentration der Flüssigkeit zunimmt. Diese Gefahr kann normalerweise vermieden werden, indem die Gurken zunächst mit einfachem 45- bis 50-Korn-Essig bedeckt werden . Nach einer Woche entsorgen Sie diesen Essig, dessen Stärke aller Wahrscheinlichkeit nach stark nachgelassen hat, und bedecken Sie ihn mit einer Flüssigkeit, die durch Zugabe von 4 Pfund Zucker zu einer Gallone Essig hergestellt wird. Es ist sehr wichtig, dass der Säuregehalt der zum Einlegen verwendeten Flüssigkeit so hoch wie möglich gehalten wird. Eine Verringerung des Säuregehalts deutlich unter eine Stärke von 30 Körnern kann das Wachstum von Hefen ermöglichen, was zu Gärung und Verderb führen kann.

Wenn eine Flüssigkeit gewünscht wird, die mehr als 4 Pfund Zucker pro Gallone enthält, ist es am besten, diese Menge zunächst nicht zu überschreiten , sondern nach und nach Zucker hinzuzufügen, bis die gewünschte Konzentration erreicht ist. Ein Zuckerhydrometer zeigt die

Zuckerkonzentration einfach und genau an (S. 4). Ein Wert von 42° (Brix oder Balling) würde eine Konzentration von etwa 6 Pfund Zucker pro Gallone Essig anzeigen. (Tabelle 3, S. 15.)

Bei der Herstellung von süßen Gurken werden praktisch immer Gewürze hinzugefügt. Allerdings ist die Wirkung von zu viel Gewürzen, insbesondere der kräftigeren Sorten wie Paprika und Nelken, schädlich. Eine Unze ganze Gewürzmischung auf 4 Gallonen Gurken reicht aus. Da Gewürze zu einer Trübung des Essigs führen können, sollten diese nach Erreichen des gewünschten Geschmacks entfernt werden. Das Erhitzen trägt zu einer besseren Verwertung des Gewürzes bei. Die erforderliche Gewürzmenge in einem Käsetuchbeutel zum Essig geben und nicht länger als eine halbe Stunde am Siedepunkt halten. Zu langes Erhitzen führt dazu, dass der Essig dunkler wird. Wenn es gewünscht wird, fügen Sie zu diesem Zeitpunkt Zucker hinzu und gießen Sie ihn sofort über die Gurken.

Wenn die Gurken in Flaschen oder Gläser verpackt werden sollen, füllen Sie sie nach einer gegebenenfalls erforderlichen Vorbehandlung in diese Behälter und bedecken Sie sie mit einem nach Wunsch zubereiteten Likör.

DILLGURKEN

Die Methode zur Herstellung von Dillgurken unterscheidet sich von der zur Herstellung von Salzgurken in zwei wichtigen Einzelheiten. Es wird eine viel schwächere Salzlake verwendet und mit Gewürzen, hauptsächlich Dill, versetzt.

Aufgrund der geringeren Salzkonzentration findet eine deutlich schnellere Aushärtung statt. Dadurch können sie in etwa der Hälfte der Zeit, die herkömmliche eingelegte Gurken benötigen , gebrauchsfertig gemacht werden. Diese Verkürzung der Zubereitungszeit geht allerdings auf Kosten der Haltbarkeit des Produktes. Aus diesem Grund ist es notwendig, Maßnahmen zu ergreifen, die den Verderb verhindern.

KLEINMENGEN

Geben Sie eine Schicht Dill und eine halbe Unze Gewürzmischung auf den Boden des Glases. Füllen Sie dann das Glas bis auf 2 bis 3 Zoll über den Rand mit gewaschenen Gurken von nahezu der gleichen Größe wie möglich. Fügen Sie eine weitere halbe Unze Gewürz und eine Schicht Dill hinzu. Es empfiehlt sich, darüber eine Schicht Weinblätter zu legen. Tatsächlich wäre es sinnvoll, diese sowohl unten als auch oben zu platzieren. Sie eignen sich hervorragend als Belag und begrünen die Gurken.

Gießen Sie über die Gurken eine wie folgt zubereitete Salzlake: Salz, 1 Pfund; Essig, 1 Pint; Wasser, 2 Gallonen. Verwenden Sie zu Beginn einer Gärung niemals eine heiße Salzlösung. Es besteht die Möglichkeit, dass dadurch die vorhandenen Organismen abgetötet und so die Fermentation verhindert wird.

Mit einer Bretterabdeckung oder einem Teller mit ausreichend Gewicht abdecken, um die Gurken weit unter der Salzlake zu halten.

Wenn die Gurken bei einer Temperatur von etwa 30 °C verpackt werden, setzt sofort eine aktive Gärung ein. Diese sollte in 10 Tagen bis 2 Wochen abgeschlossen sein, wenn eine Temperatur von etwa 30 °C aufrechterhalten wird. Der sich bald an der Oberfläche bildende Schaum, der meist aus wilden Hefen, oft aber auch Schimmelpilzen und Bakterien besteht, sollte abgeschöpft werden.

Nachdem die aktive Gärung beendet ist, ist es notwendig, die Gurken vor dem Verderben zu schützen. Dies kann auf zwei Arten erfolgen:

(1) Mit einer Schicht Paraffin abdecken. Diese sollte heiß über die Oberfläche der Sole oder so viel davon gegossen werden, wie an den Rändern der Plattenabdeckung freiliegt. Beim Abkühlen bildet sich ein fester Überzug, der die Pickles effektiv versiegelt.

(2) Die Gurken in Gläsern oder Dosen verschließen. Sobald sie ausreichend ausgehärtet sind, was an ihrem angenehmen Geschmack und ihrer dunkelgrünen Farbe zu erkennen ist, füllen Sie sie in Gläser und füllen Sie sie entweder mit ihrer eigenen Salzlake oder mit einer frischen Salzlake, die nach Anweisung hergestellt wurde. Eine kleine Menge Dill und Gewürze hinzufügen. Bringen Sie die Salzlake zum Kochen und gießen Sie sie nach dem Abkühlen auf etwa 60 °C über die Gurken, bis die Gläser voll sind. Verschließen Sie die Gläser fest.

Der Plan, Dillgurken durch Verschließen in Gläsern haltbar zu machen, hat den Vorteil, dass die Verwendung einer kleinen Menge möglich ist, ohne dass eine große Menge geöffnet und wieder verschlossen werden muss, wie es der Fall ist, wenn Gurken in große Behälter verpackt und mit Paraffin verschlossen werden.

GROSSE MENGEN

Füllen Sie ein Fass mit Gurken. Fügen Sie 6 bis 8 Pfund grünen oder eingelegten Dill oder die Hälfte dieser Menge trockenen Dills und 1 Liter gemischte Gewürze hinzu. Wenn eingelegter Dill verwendet wird, empfiehlt es sich, etwa 2 Liter der Dilllake hinzuzufügen. Der Dill und die Gewürze sollten gleichmäßig unten, in der Mitte und oben im Fass verteilt sein. Fügen Sie außerdem 1 Gallone guten Essig hinzu. [2]

[2] Diese Zugabe von Essig ist nicht unbedingt erforderlich und viele verzichten lieber darauf. Im angegebenen Verhältnis begünstigt es jedoch das Wachstum der Milchsäurebakterien und hilft, das Wachstum

verderbniserregender Organismen zu verhindern. Seine Verwendung ist daher mit Wohlwollen zu betrachten. Manche verzichten lieber auf die Gewürzmischung, weil sie den unverwechselbaren Geschmack des Dillkrauts beeinträchtigen.

Ziehen Sie den Kopf fest und füllen Sie das Fass durch ein in den Kopf gebohrtes Loch mit einer Salzlösung, die im Verhältnis einem halben Pfund Salz zu einer Gallone Wasser hergestellt ist. Fügen Sie Salzlösung hinzu, bis sie über den Kopf fließt und sich auf Höhe der Oberseite des Glockenspiels befindet. Halten Sie dieses Niveau aufrecht, indem Sie von Zeit zu Zeit Salzlake hinzufügen. Entfernen Sie den Schaum, der sich bald auf der Oberfläche bildet.

Bewahren Sie das Fass während der aktiven Gärung an einem warmen Ort auf und lassen Sie das Loch im Deckel offen, damit das Gas entweichen kann. Wenn die aktive Gärung beendet ist, was durch das Aufhören der Blasen- und Schaumbildung an der Oberfläche angezeigt wird, kann das Fass fest verschlossen und gelagert werden, vorzugsweise an einem kühlen Ort. Leckagen und andere Bedingungen können dazu führen, dass die Salzlake in einem Fass mit Gurken jederzeit zurückgeht. Die Fässer sollten gelegentlich inspiziert und bei Bedarf weitere Salzlösung hinzugefügt werden. So zubereitete Gurken sollten innerhalb von etwa sechs Wochen gebrauchsfertig sein.

Wenn Gurken über einen längeren Zeitraum gelagert werden sollen, sollte eine 28 °C warme Salzlake verwendet werden, die durch Zugabe von 10 Unzen Salz zu einer Gallone Wasser hergestellt wird. In einer Salzlake dieser Stärke eingelegte Gurken sind ein Jahr haltbar, wenn die Fässer gefüllt und an einem kühlen Ort aufbewahrt werden. Der wichtige Faktor bei der Konservierung von in schwacher Salzlake eingelegten Gurken, wie sie üblicherweise für Dillgurken verwendet werden, ist der Luftausschluss. Bei der Lagerung in dichten Fässern wird dies dadurch erreicht, dass die Fässer vollständig mit Salzlake gefüllt bleiben.

GEMISCHTE PICKLES

Zur Herstellung von Mixed Pickles werden Zwiebeln, Blumenkohl, grüne Paprika, Tomaten und Bohnen sowie Gurken verwendet. Alle Gemüsesorten sollten zunächst in Salzlake eingelegt werden.

Für die Zubereitung von Mixed Pickles sind sehr kleine Gemüsesorten zu bevorzugen. Wenn größere Stücke verwendet werden müssen, schneiden Sie diese zunächst in Stücke mit der gewünschten und einheitlichen Form und Größe. Geben Sie auf den Boden jeder Weithalsflasche oder jedes Glases etwas Gewürzmischung. Ordnen Sie beim Befüllen der Flasche die verschiedenen Gurkensorten so ordentlich und ordentlich wie möglich an. Das Aussehen des fertigen Produkts hängt weitgehend von der Art und Weise ab, wie es in der Flasche verpackt ist. Füllen Sie die Flaschen nicht vollständig.

Wenn Sie saure Gurken wünschen, füllen Sie die Flaschen vollständig mit einem 45-Korn-Essig. Wenn Sie Süßes wünschen, füllen Sie es mit einem Likör auf, der durch Auflösen von 4 bis 6 Pfund Zucker in einer Gallone Essig hergestellt wird.

Dicht verschließen und ordnungsgemäß beschriften.

SAUERKRAUT

Für die Herstellung von Sauerkraut zu Hause gelten 4- oder 6-Gallonen-Steingefäße als die besten Behälter, es sei denn, es werden große Mengen gewünscht; in diesem Fall können Fässer oder Fässer verwendet werden.

Wählen Sie nur reife, gesunde Kohlköpfe aus. Nachdem Sie alle faulen oder schmutzigen Blätter entfernt haben, vierteln Sie die Köpfe und schneiden Sie das Kerngehäuse ab. Zum Zerkleinern eignet sich eine der Handzerkleinerungsmaschinen, die auf dem Markt erhältlich sind, am besten, obwohl auch ein gewöhnlicher Krautsalatschneider oder ein großes Messer ausreichen.

Bei der Herstellung von Sauerkraut erfolgt die Gärung in einer Salzlake, die aus dem durch das Salz entzogenen Saft des Kohls hergestellt wird. Ein Pfund Salz pro 40 Pfund Kohl ergibt die richtige Stärke der Salzlake, um die besten Ergebnisse zu erzielen. Das Salz kann verteilt werden, während der Kohl in das Glas verpackt wird, oder es kann vor dem Verpacken mit dem zerkleinerten Kohl vermischt werden. Die Verteilung von 2 Unzen Salz pro 5 Pfund Kohl ist wahrscheinlich der beste Weg, um eine gleichmäßige Verteilung zu erreichen.

Packen Sie den Kohl fest, aber nicht zu fest in das Glas oder Fass. Wenn er voll ist, mit einem sauberen Tuch und einem Brett oder Teller abdecken. Legen Sie ein Gewicht auf die Abdeckung, das so schwer ist, dass die Sole bis zur Abdeckung gelangt.

Wenn das Glas bei einer Temperatur von etwa 30 °C gehalten wird, beginnt die Gärung sofort. Auf der Oberfläche der Sole bildet sich bald Schaum. Da dieser Schaum dazu neigt, die Säure zu zerstören und den Kohl angreifen kann, sollte er von Zeit zu Zeit abgeschöpft werden.

Bei einer Temperatur von 30 °C sollte die Gärung in sechs bis acht Tagen abgeschlossen sein.

Ein gut fermentiertes Sauerkraut sollte einen normalen Säuregehalt von ca. +20 bzw. einen Milchsäureanteil von 1,8 aufweisen (S. 16).

Nachdem die Gärung abgeschlossen ist, stellen Sie das Sauerkraut an einen kühlen Ort. Wenn der Kohl spät im Herbst fermentiert wird oder an einem sehr kühlen Ort gelagert werden kann, ist es möglicherweise nicht notwendig, mehr zu tun, als die Oberfläche abzuschöpfen und vor Insekten usw. zu schützen; andernfalls muss eine der folgenden Maßnahmen ergriffen werden, um den Verderb zu verhindern:

(1) Gießen Sie eine Schicht heißes Paraffin über die Oberfläche oder so viel davon, wie um die Abdeckung herum sichtbar ist. Bei ordnungsgemäßer Anwendung auf einer sauberen Oberfläche wird das Glas effektiv verschlossen und der Inhalt vor Verunreinigungen geschützt.

(2) Nachdem die Gärung abgeschlossen ist, füllen Sie das Sauerkraut in Glasgefäße und fügen Sie so viel Krautlake oder eine schwache Salzlake hinzu, die durch Zugabe von einer Unze Salz zu einem Liter Wasser hergestellt wird, dass die Gläser vollständig gefüllt sind . Verschließen Sie die Gläser gut und stellen Sie sie an einen kühlen Ort.

Die zweite Methode ist weitgehend auf die erste zu beziehen. Richtig fermentiertes und auf diese Weise gelagertes Sauerkraut blieb eine Saison lang in gutem Zustand. Wenn Sie die Gläser vor dem Verschließen in ein Wasserbad stellen und erhitzen, bis die Mitte des Glases eine Temperatur von etwa 160 °F aufweist, ist dies eine zusätzliche Garantie für die gute Haltbarkeit des „Krauts".

Bei der kommerziellen Sauerkrautkonservierung, bei der die Bedingungen und die Dauer der Lagerung nicht kontrolliert werden können, muss immer Wärme eingesetzt werden.

GÄRUNG UND SALZEN VON GEMÜSE, AUSSER GURKEN UND KOHL

Es gibt drei Methoden, Gemüse mit Salz haltbar zu machen:

GÄRUNG IN ZUSÄTZLICHER SOLE

Experimente haben gezeigt, dass Bohnen, grüne Tomaten, Rüben, Chayoten , Mangomelonen, Gurken, Blumenkohl und Maiskolben in einer 10-prozentigen Salzlake (40° auf der Salinometerskala) mehrere Monate lang gut haltbar sind. Paprika und Zwiebeln bleiben in einer 80° warmen Salzlake besser haltbar. Durch Zugabe von Salz muss die ursprüngliche Stärke der Sole erhalten bleiben und die Oberfläche der Sole muss frei von Schaum gehalten werden. Einige der aufgeführten Gemüsesorten, insbesondere Bohnen und grüne Tomaten, eignen sich gut für die Gärung in einer schwachen Salzlake (5 Prozent Salz). In diesem Fall können Dill und andere

Gewürze hinzugefügt werden. Die allgemeinen Anweisungen für Dillgurken (S. 8) sollten befolgt werden.

GÄRUNG IN SOLE, HERGESTELLT DURCH TROCKENSALZEN

Diese Methode kann natürlich nur für Gemüse verwendet werden, das genügend Wasser enthält, um seine eigene Salzlake herzustellen. Junge und zarte Bohnen können auf diese Weise haltbar gemacht werden. Entfernen Sie die Spitzen und Fäden und brechen Sie sie bei großen Schoten in zwei Teile. Ältere Bohnen und zweifellos auch andere Gemüsesorten könnten mit dieser Methode konserviert werden, wenn sie zuvor auf die gleiche Weise wie Kohl zerkleinert würden (S. 10). Verwenden Sie Salz in einer Menge von 3 Prozent des Gemüsegewichts (1 Unze Salz auf etwa 2 Pfund Gemüse).

SALZEN OHNE GÄRUNG

Es muss genügend Salz hinzugefügt werden, um jegliche bakterielle Wirkung zu verhindern. Das Gemüse waschen und abwiegen. Mischen Sie gründlich ein Viertel ihres Salzgewichts damit. Wenn nach dem Hinzufügen von Druck nicht genügend Salzlösung vorhanden ist, um das Produkt zu bedecken, fügen Sie Salzlösung hinzu, die durch Auflösen von 1 Pfund Salz in 2 Liter Wasser hergestellt wird. Sobald die Blasenbildung aufhört, schützen Sie die Oberfläche, indem Sie sie mit Paraffin abdecken. Diese Methode eignet sich besonders gut für Gemüse, bei dem der Zuckergehalt zu niedrig ist, um eine erfolgreiche Fermentation herbeizuführen, wie etwa Mangold, Spinat und Löwenzahn. Auch Mais lässt sich auf diese Weise gut konservieren. Schälen Sie es und entfernen Sie die Seide. Kochen Sie es 10 Minuten lang in kochendem Wasser, damit die Milch fest wird. Schneiden Sie dann den Maiskolben mit einem scharfen Messer vom Maiskolben ab, wiegen Sie ihn und packen Sie ihn in Schichten mit einem Viertel seines Gewichts an feinem Salz.

Die beschriebenen Konservierungsmethoden beschränken sich nicht nur auf Gemüse. Feste Früchte wie Haftpfirsiche und Kieffer-Birnen können in einer 80°-Salzlake bis zu sechs Monate lang haltbar gemacht werden. Nachdem das Salz ausgeweicht wurde, können sie mit Gewürzen, Essig, Zucker usw. zu gewünschten Produkten verarbeitet werden. Beerenfrüchte wie Elberta -Pfirsiche und Bartlett-Birnen werden am besten in schwachem Essig (2 Prozent Essigsäure) konserviert). [3]

[3] Bericht über eine Untersuchung im Bureau of Chemistry über die Verwendung von Salzlakeprodukten, von Rhea C. Scott, 1919.

URSACHEN FÜR AUSFÄLLE

Weiche oder rutschige Gurken

Ein weicher oder rutschiger Zustand, eine der häufigsten Formen des Verderbs bei der Herstellung von Gurken, ist das Ergebnis bakterieller Einwirkung. Es tritt immer dann auf, wenn Pickles über der Salzlake freiliegen, und sehr oft, wenn die Salzlake zu schwach ist, um das Wachstum verderbniserregender Organismen zu verhindern. Um dies zu verhindern, halten Sie die Gurken weit unter der Salzlake und die Salzlake hat die richtige Stärke. Um Gurken länger als nur ein paar Wochen haltbar zu machen, sollte eine Salzlake 10 Prozent Salz enthalten. Sobald Pickles aufgrund der bakteriellen Einwirkung weich oder rutschig geworden sind, kann der normale Zustand durch keine Behandlung wiederhergestellt werden.

HOHLE PICKLES

Beim Aushärten kann es zu hohlen Pickeln kommen. Dieser Zustand bedeutet jedoch keinen Totalverlust, denn Hohlgurken können zur Herstellung von Mixed Pickles oder bestimmten Relish-Formen verwendet werden. Zwar gibt es gute Gründe für die Annahme, dass Hohlgurken das Ergebnis einer fehlerhaften Entwicklung oder Ernährung der Gurke sind, es besteht aber auch eine hohe Wahrscheinlichkeit, dass falsche Methoden zu ihrer Entstehung beitragen. Eine davon besteht darin, dass zwischen dem Sammeln und dem Pökeln zu viel Zeit vergeht. Dieser Zeitraum sollte 21 Stunden nicht überschreiten.

Hohlgurken werden häufig zu Schwimmern. Gesunde, richtig ausgehärtete Gurken schwimmen nicht, aber jeder Zustand, der ihr relatives Gewicht verringert, wie z. B. Gasausdehnung, kann dazu führen, dass sie an die Oberfläche steigen.

WIRKUNG VON HARTEM WASSER

Zur Herstellung einer Sole sollte kein sogenanntes hartes Wasser verwendet werden. Das Vorhandensein großer Mengen an Calciumsalzen und möglicherweise anderen Salzen, die in vielen natürlichen Gewässern vorkommen, kann die ordnungsgemäße Säurebildung verhindern und somit die normale Aushärtung beeinträchtigen. Die Zugabe einer kleinen Menge Essig dient dazu, die Alkalität auszugleichen, wenn hartes Wasser verwendet werden muss. Wenn Eisen in nennenswerter Menge vorhanden ist, ist es schädlich und führt unter bestimmten Bedingungen zu einer Schwärzung der Gurken.

Schrumpfend

Das Schrumpfen von eingelegten Gurken kommt häufig vor, wenn sie sofort in sehr starke Salz- oder Zuckerlösungen oder sogar in sehr starken Essig eingelegt wurden. Vermeiden Sie daher solche Lösungen möglichst . Wenn eine starke Lösung gewünscht wird, sollten die Gurken zunächst in einer schwächeren Lösung vorbehandelt werden. Diese Schwierigkeit tritt am häufigsten bei der Herstellung von süßen Gurken auf. Das Vorhandensein von Zucker in hohen Konzentrationen führt mit Sicherheit zu Schrumpfung, es sei denn

AUSWIRKUNG VON ZU VIEL SALZ AUF SAUERKRAUT

Die vielleicht häufigste Ursache für Fehler bei der Herstellung von Sauerkraut ist die Verwendung von zu viel Salz. Die richtige Menge ist 2| Gewichtsprozent des verpackten Kohls. Wenn Kohl bei sehr warmem Wetter fermentiert werden soll, kann es sinnvoll sein, etwas mehr Salz zu verwenden. In der Regel sollte dieser jedoch 3 Prozent nicht überschreiten. Achten Sie beim Auftragen des Salzes auf eine gleichmäßige Verteilung. Es wird angenommen, dass die roten Streifen, die manchmal auf Sauerkraut zu sehen sind, auf eine ungleichmäßige Salzverteilung zurückzuführen sind.

WIRKUNG VON SCHAUM

Wenn der Schaum, der sich auf der Oberfläche bildet, nicht regelmäßig entfernt wird, kann es zum Verderben der oberen Schichten von in Salzlake fermentiertem Gemüse kommen. Dieser Schaum besteht aus wilden Hefen, Schimmelpilzen und Bakterien, die , wenn sie zurückbleiben, das darunter liegende Gemüse angreifen und zersetzen. Sie können auch den Säuregehalt der Salzlake schwächen und so zum Verderb führen. Die Tatsache, dass die obersten Schichten verdorben sind, bedeutet jedoch nicht unbedingt, dass alle im Behälter befindlichen Lebensmittel verdorben sind. Schimmelpilze und andere Organismen, die den Verderb verursachen, gelangen nicht so schnell in die unteren Schichten. Der in gutem Zustand befindliche Teil kann oft gerettet werden, indem man den verdorbenen Teil vorsichtig von der Oberseite entfernt, etwas frische Salzlösung hinzufügt und heißes Paraffin über die Oberfläche gießt.

AUSWIRKUNG DER TEMPERATUR

Die Temperatur hat einen wichtigen Einfluss auf den Erfolg einer Milchsäuregärung. Die Bakterien, die für die Fermentation pflanzlicher Lebensmittel unerlässlich sind, sind bei einer Temperatur von etwa 30 °C am aktivsten, und wenn die Temperatur unter diesen Punkt fällt, nimmt ihre Aktivität entsprechend ab. Daher ist es wichtig, dass die Lebensmittel zu Beginn und während der aktiven Phasen einer Fermentation möglichst nahe bei 30 °C gehalten werden . Dies ist besonders wichtig bei der Herstellung von Sauerkraut, das oft im Spätherbst oder Winter hergestellt wird. Die Gärung kann durch eine zu niedrige Temperatur stark verzögert oder sogar gestoppt werden.

Lagern Sie die Lebensmittel nach Ablauf der aktiven Phasen einer Fermentation an einem kühlen Ort. Niedrige Temperaturen sind immer hilfreich bei der Konservierung von Lebensmitteln.

FARB- UND HÄRTERMITTEL

vermeintlich schöneres Produkt herzustellen , ist es in manchen Haushalten üblich, eingelegte Gurken zu „grünen", indem man sie mit Essig in einem Kupfergefäß erhitzt. Experimente haben gezeigt, dass bei dieser Behandlung Kupferacetat entsteht und dass die Gurken sehr erhebliche Mengen davon aufnehmen. *Kupferacetat ist giftig.*

Durch eine Entscheidung des Landwirtschaftsministers vom 12. Juli 1912 werden mit Kupfersalzen angereicherte Lebensmittel, die allesamt giftig sind, als verfälscht betrachtet.

Alaun wird oft zu dem Zweck verwendet, vermutlich um Gurken fest zu machen. Die Verwendung von Alaun in Verbindung mit Nahrungsmitteln ist, gelinde gesagt, zweifelhaft. Wenn beim Einlegen die richtigen Methoden befolgt werden, sorgen das Salz und die Säuren in der Salzlake für die gewünschte Festigkeit. Die Verwendung von Alaun oder anderen Härtemitteln ist nicht erforderlich.

TABELLEN UND TESTS

TABELLE 1. – *Salzprozentsätze, entsprechende Salinometerwerte und erforderliche Salzmenge zur Herstellung von 6 Litern Sole*

Salz in Lösung	Ablesung des Salinometers	Salz in 6 Liter fertiger Salzlake
Prozent	*Abschlüsse*	*Unzen*
1.06	4	2
2.12	8	4¼
3.18	12	6½
4.24	16	8½
5.3	20	11
7.42	28	14½
8.48	32	18
9.54	36	20
10.6	40	22½
15.9	60	35
21.2	80	48

26.5	100	64

Die in den ersten beiden Spalten von <u>Tabelle 1 angegebenen Zahlen</u> sind korrekt. Die Angaben in der letzten Spalte sind im Rahmen der Möglichkeiten gewöhnlicher Haushaltsmethoden korrekt. Um eine Sole aus dieser Tabelle herzustellen, wird die erforderliche Salzmenge in einer kleineren Menge Wasser gelöst und Wasser hinzugefügt, um möglichst genau die erforderlichen 6 Liter aufzufüllen.

Ein Pfund Salz, gelöst in 9 Pints Wasser, ergibt eine Lösung mit einem Salinometerwert von 40° oder etwa einer 10-prozentigen Salzlösung. In einer Salzlake dieser Stärke verläuft die Gärung etwas langsam. Eingelegte Gurken, die in einer Salzlake dieser Stärke aufbewahrt werden, verderben nicht. Ein halbes Pfund Salz, gelöst in 9 Pints Wasser, ergibt eine etwa 5-prozentige Salzlake mit einem Salinometerwert von 20°. Eine Salzlake dieser Stärke ermöglicht eine schnelle Gärung, aber in einer solchen Salzlake aufbewahrtes Gemüse verdirbt innerhalb weniger Wochen, wenn die Luft nicht ausgeschlossen wird.

Eine Salzlake, in der ein frisches Ei gerade schwimmt, ist eine etwa 10-prozentige Lösung.

Die Gärung verläuft recht gut in Salzlaken mit einer Stärke von 40°C und wird, zumindest teilweise, bis zu 60°C erreicht. Bei 80° stoppt die gesamte Gärung.

Das zum Bedecken von Gemüse erforderliche Salzlakevolumen beträgt etwa die Hälfte des Volumens des zu vergärenden Materials. Wenn beispielsweise ein 5-Gallonen-Fass verpackt werden soll, sind 2½ Gallonen Sole erforderlich.

TABELLE 2. – *Gefrierpunkt von Sole bei verschiedenen Salzkonzentrationen*

Salz	Ablesung des Salinometers	Gefriertemperatur
Prozent	*Abschlüsse*	° F
5	20	25.2
10	40	18.7
15	60	12.2
20	80	6.1
25	100	0,5

TABELLE 3. — *Dichte von Zuckersirup*

Dichte	Zuckermenge pro Gallone Wasser [4]	
Grad Brix oder Balling	Pfund.	Ozs.
5		7
10		14.8
15	1	7.5
20	1	14.75
25	2	12.5
30	3	9
40	5	8,75
45	6	13
50	8	5.25
55	10	4
60	12	8

[4] Wenn Essig verwendet wird, liegt der entsprechende Wert des Zucker-Hydrometers etwa 2 Grad höher als in der Tabelle angegeben.

TABELLE 4. — *Anzahl der Gurken unterschiedlicher Größe, die für die Herstellung einer Gallone Gurken erforderlich sind*

Größe	Vielfalt	Zahl zu einer Gallone
1 bis 2 Zoll lang	Gurken [5]	250 bis 650
2 bis 3 Zoll lang	Kleine Gurken	130 bis 250
3 bis 4 Zoll lang	Mittlere Gurken	40 bis 130
4 Zoll und länger	Große Gurken	12 bis 40

[5] Kleine Gurken werden üblicherweise als Gewürzgurken bezeichnet. Diejenigen, die sehr klein sind, werden manchmal als Zwerge bezeichnet.

Der maximale Säuregehalt, der durch die Milchsäuregärung von Gemüse in Salzlake entsteht, liegt zwischen 0,25 und 2 Prozent. Das Maximum wird am oder kurz nach dem Ende der aktiven Fermentationsphase erreicht. Danach nimmt der Säuregehalt normalerweise langsam ab. Die Phase der aktiven Gärung dauert je nach Temperatur, Stärke der Salzlösung usw. ein bis drei Wochen. Während dieser Zeit bildet sich Gas und durch das Aufsteigen von Gasblasen bildet sich Schaum an der Oberfläche. Am Ende dieses Zeitraums wird die Sole „still".

Die Menge der gebildeten Säure hängt in erster Linie vom Zuckergehalt des fermentierten Gemüses ab, kann aber auch durch andere Faktoren beeinflusst werden.

Wenn Sie ein Stück blaues Lackmuspapier (in Drogerien erhältlich) in die Salzlösung tauchen, können Sie feststellen, ob die Salzlake sauer ist. Wenn sich das Papier rosa oder rot verfärbt, ist die Salzlake sauer, das Lackmuspapier gibt jedoch keinen eindeutigen Hinweis auf den Säuregrad.

Für diejenigen, die genau wissen möchten, wie hoch der Säuregrad ist, wird die folgende Methode beschrieben:

Geben Sie mit einer Pipette genau 5 Kubikzentimeter der Salzlösung in eine kleine Abdampfschale. Dazu 45 Kubikzentimeter destilliertes Wasser und 1 Kubikzentimeter einer 0,5-prozentigen Lösung von Phenolphthalein in 50-prozentigem Alkohol geben. Dann langsam eine Zwanzigstel-normale Natriumhydratlösung einfließen lassen. Dies geschieht am besten mit einer 25-Kubikzentimeter-Bürette mit Zehntelteilung. Während das Natriumhydrat hinzugefügt wird, rühren Sie ständig um und achten Sie sorgfältig darauf, wann die gesamte Flüssigkeit einen schwachen rosa Farbton aufweist. Dies zeigt an, dass der Neutralpunkt erreicht wurde. Lesen Sie sorgfältig die genaue Menge an Natriumhydrat ab, die zum Neutralisieren der Mischung in der Schüssel erforderlich ist. Diese Zahl multipliziert mit 0,09 ergibt die Anzahl der Gramm Säure pro 100 Kubikzentimeter, berechnet als Milchsäure, die in der Salzlake vorhanden sind.

Mit dieser Methode lässt sich die Säurestärke von Essigen bestimmen. Mit 0,06 multiplizieren, um die im Essig enthaltene Gramm Essigsäure pro 100 Kubikzentimeter zu ermitteln.

Die für diesen Test benötigten Geräte und Chemikalien sind bei jeder Firma erhältlich, die sich mit chemischen Geräten und Zubehör befasst.